SITZUNGSBERICHTE DER SÄCHSISCHEN AKADEMIE
DER WISSENSCHAFTEN ZU LEIPZIG

Mathematisch-naturwissenschaftliche Klasse
Band 109 · Heft 2

WOLFGANG TUTSCHKE

STAMMFUNKTIONEN KOMPLEXWERTIGER FUNKTIONEN

AKADEMIE-VERLAG · BERLIN
1970

Vorgelegt durch Herrn Maier am 9. Oktober 1969
Manuskript eingeliefert am 15. November 1969
Druckfertig erklärt am 30. August 1970

Erschienen im Akademie-Verlag GmbH, 108 Berlin, Leipziger Straße 3–4

Lizenznummer: 202 · 100/590/70
Gesamtherstellung: VEB Druckerei „Thomas Müntzer", 582 Bad Langensalza
Bestellnummer: 2027/109/2 · ES 19 B 4
EDV 761 374 4
3,70

Bekanntlich existiert zu einer holomorphen Funktion f lokal stets eine Stammfunktion F, für die in einem Punkt z_0 der Wert $F(z_0)$ vorgeschrieben werden kann. Ist f nicht holomorph, so soll unter einer Stammfunktion F von f eine Funktion verstanden werden, für die

$$\frac{\partial F}{\partial z} = f \quad \text{oder auch} \quad \lambda \frac{\partial F}{\partial z} + \sigma \frac{\partial F}{\partial z^*} + \varkappa F = f$$

ist ($\lambda, \sigma, \varkappa$ sind vorgegebene Funktionen). Dabei wird i. allg. F nicht holomorph sein. Es ist ($z = x + i\,y$)

$$\frac{\partial F}{\partial z} = \frac{1}{2}\left(\frac{\partial F}{\partial x} - i\,\frac{\partial F}{\partial y}\right)$$

und analog ($z^* = x - i\,y$)

$$\frac{\partial F}{\partial z^*} = \frac{1}{2}\left(\frac{\partial F}{\partial x} + i\,\frac{\partial F}{\partial y}\right).$$

Eine spezielle Stammfunktion in diesem allgemeinen Sinn wird (vgl. [3]) durch

$$F(z) = -\frac{1}{\pi}\int\int \frac{f(\zeta)}{\zeta^* - z^*}\,\mathrm{d}\xi\,\mathrm{d}\eta$$

gegeben, $\zeta = \xi + i\,\eta$.

Man kann (unter geeigneten Differenzierbarkeitsvoraussetzungen) zeigen, daß zu f stets eine Stammfunktion im allgemeinen Sinn existiert, die auf einer (analytischen) Kurve γ vorgeschriebene Werte annimmt. Insbesondere gibt es F, so daß $f = \frac{\partial F}{\partial z}$ für alle z und $F = 0$ auf γ ist. Man kann aber auch zu f eine Funktion F angeben, so daß $f = \frac{\partial F}{\partial z}$ überall in einer Umgebung eines Punktes z_0 gilt, während auf γ die Nebenbedingung

$$\frac{\partial F}{\partial z^*} = 0$$

erfüllt ist (z_0 soll auf γ liegen).

Genügt F überall einer Nebenbedingung

$$\frac{\partial F}{\partial z^*} = \mu \frac{\partial F}{\partial z} + \nu F ,$$

so kann — wie im holomorphen Fall — für F nur der Funktionswert in einem Punkt vorgeschrieben werden.

Zur Herleitung der hier gewonnenen Resultate wird — wie in [2] — die Theorie der vollständigen partiellen Differentialgleichungssysteme für mehrere zu bestimmende Funktionen herangezogen. Bei pseudoholomorphen Funktionen mehrerer komplexer Variabler sichert die Vollständigkeitsforderung, daß die betrachteten pseudo-holomorphen Funktionen in enger Beziehung zu holomorphen Funktionen mehrerer komplexer Variabler stehen. In der vorliegenden Arbeit werden nun pseudoholomorphe Funktionen einer komplexen Variablen unter dem Gesichtspunkt vollständiger Differentialgleichungssysteme betrachtet.

Alle im folgenden auftretenden Funktionen sind in offenen Mengen der z-Ebene definiert. Sie sollen (lokal) Potenzreihendarstellungen in x, y besitzen ($x + i\,y = z$).

1. Stammfunktionen ohne Nebenbedingungen

In einer Umgebung von $z_0 = x_0 + i\,y_0$ sei die komplexwertige Funktion f gegeben, $f = u + i\,v$. Gesucht wird F so, daß

$$f(z) = \lambda(z) \frac{\partial F(z)}{\partial z} + \sigma(z) \frac{\partial F(z)}{\partial z^*} + \varkappa(z)\, F(z) \tag{1}$$

gilt[1]). Dabei sind λ, σ und $\varkappa$ in der betrachteten Umgebung von z_0 definierte komplexwertige Funktionen. Setzt man

$$F = U + i\,V\,, \quad \lambda = \lambda_1 + i\,\lambda_2\,, \quad \varkappa = \varkappa_1 + i\,\varkappa_2\,, \quad \sigma = \sigma_1 + i\,\sigma_2\,, \tag{2}$$

so folgt wegen

$$\frac{\partial F}{\partial z} = \frac{1}{2}\left(\frac{\partial U}{\partial x} + \frac{\partial V}{\partial y}\right) + \frac{i}{2}\left(\frac{\partial V}{\partial x} - \frac{\partial U}{\partial y}\right),$$

$$\frac{\partial F}{\partial z^*} = \frac{1}{2}\left(\frac{\partial U}{\partial x} - \frac{\partial V}{\partial y}\right) + \frac{i}{2}\left(\frac{\partial V}{\partial x} + \frac{\partial U}{\partial y}\right)$$

---

[1]) Man könnte anstelle von (1) natürlich auch von dem noch allgemeineren Ansatz

$$f = \lambda \frac{\partial F}{\partial z} + \sigma \frac{\partial F}{\partial z^*} + \varkappa F + \tilde{\lambda}\left(\frac{\partial F}{\partial z}\right)^* + \tilde{\sigma}\left(\frac{\partial F}{\partial z^*}\right)^* + \tilde{\varkappa} F^*$$

ausgehen.

aus (1) für die Funktionen U, V das Differentialgleichungssystem

$$\begin{aligned}2u &= \lambda_1\left(\frac{\partial U}{\partial x}+\frac{\partial V}{\partial y}\right)-\lambda_2\left(\frac{\partial V}{\partial x}-\frac{\partial U}{\partial y}\right)+\sigma_1\left(\frac{\partial U}{\partial x}-\frac{\partial V}{\partial y}\right)\\&\quad-\sigma_2\left(\frac{\partial V}{\partial x}+\frac{\partial U}{\partial y}\right)+\varkappa_1 U-\varkappa_2 V,\\2v &= \lambda_1\left(\frac{\partial V}{\partial x}-\frac{\partial U}{\partial y}\right)+\lambda_2\left(\frac{\partial U}{\partial x}+\frac{\partial V}{\partial y}\right)+\sigma_1\left(\frac{\partial V}{\partial x}+\frac{\partial U}{\partial y}\right)\\&\quad+\sigma_2\left(\frac{\partial U}{\partial x}-\frac{\partial V}{\partial y}\right)+\varkappa_1 V+\varkappa_2 U.\end{aligned}$$

Diese beiden Gleichungen werden als lineares Gleichungssystem zur Bestimmung von $\frac{\partial U}{\partial y}$, $\frac{\partial V}{\partial y}$ aufgefaßt:

$$\left.\begin{aligned}&(\lambda_2-\sigma_2)\frac{\partial U}{\partial y}+(\lambda_1-\sigma_1)\frac{\partial V}{\partial y}\\&=-(\lambda_1+\sigma_1)\frac{\partial U}{\partial x}+(\lambda_2+\sigma_2)\frac{\partial V}{\partial x}-\varkappa_1 U+\varkappa_2 V+2u,\\&-(\lambda_1-\sigma_1)\frac{\partial U}{\partial y}+(\lambda_2-\sigma_2)\frac{\partial V}{\partial y}\\&=-(\lambda_2+\sigma_2)\frac{\partial U}{\partial x}-(\lambda_1+\sigma_1)\frac{\partial V}{\partial x}-\varkappa_1 V+\varkappa_2 U+2v.\end{aligned}\right\}\tag{3}$$

Die Koeffizientendeterminante ist also

$$|\lambda-\sigma|^2;$$

sie ist also von Null verschieden, wenn überall

$$\lambda \neq \sigma \tag{4}$$

ist. Unter dieser Voraussetzung ist (3) nach $\frac{\partial U}{\partial y}$, $\frac{\partial V}{\partial y}$ auflösbar, und daher ist der Satz von CAUCHY-KOWALSKAJA anwendbar. Das bedeutet:

Unter der Voraussetzung (4) *gibt es in einer Umgebung von* z_0 *zu vorgegebenen Werten* $F(x, y_0)$ *eine Funktion* F, *für die* (1) *gilt.*

Diese Aussage kann man auch auf den Fall ausdehnen, daß die Werte von F nicht auf einer zur x-Achse parallelen Strecke, sondern allgemeiner auf einer analytischen Kurve γ vorgeschrieben werden. Eine analytische Kurve γ wird bekanntlich mit Hilfe einer holomorphen Funktion $\left(z = z(\zeta), \frac{dz(\zeta)}{d\zeta} \neq 0, \zeta = \xi + i\eta\right)$ definiert, die in einer die Strecke $\{(\xi, 0): a \leqq \xi \leqq b\}$ enthaltenden offenen Menge definiert ist. Ist z_0 das Bild von ξ_0 $(a < \xi_0 < b$

ξ_0 sei eindeutig bestimmt), so ist wegen $\frac{dz(\zeta)}{d\zeta} \neq 0$ die durch $z = z(\zeta)$ definierte Funktion in einer Umgebung von $(\xi_0, 0)$ eineindeutig. Die Umkehrfunktion $(\zeta = \zeta(z))$ ist ebenfalls holomorph. Also gilt

$$\frac{\partial \zeta}{\partial z^*} = 0 .$$

Da weiterhin

$$\frac{\partial \zeta^*}{\partial z^*} = \left(\frac{\partial \zeta}{\partial z}\right)^*$$

ist, erhält man aus (1) bei Berücksichtigung der Kettenregel durch Umrechnung in die ζ-Ebene $(z = z(\zeta))$:

$$\begin{aligned} f(z(\zeta)) &= \lambda(z(\zeta)) \frac{\partial F(z(\zeta))}{\partial \zeta} \cdot \frac{\partial \zeta(z)}{\partial z} \\ &\quad + \sigma(z(\zeta)) \frac{\partial F(z(\zeta))}{\partial \zeta^*} \cdot \left(\frac{\partial \zeta(z)}{\partial z}\right)^* + \varkappa(z(\zeta))\, F(z(\zeta)) . \end{aligned} \tag{5}$$

Dies zeigt, daß (1) beim Übergang in die ζ-Ebene seine Gestalt behält, jedoch gehen λ bzw. σ in $\lambda \frac{\partial \zeta}{\partial z}$ bzw. $\sigma \left(\frac{\partial \zeta}{\partial z}\right)^*$ über. Da $\frac{\partial \zeta}{\partial z}$ und $\left(\frac{\partial \zeta}{\partial z}\right)^*$ den gleichen Betrag haben, erhält man: Verschärft man die Voraussetzung (4) zu

$$|\lambda| \neq |\sigma| , \tag{6}$$

so ist $\lambda \frac{\partial \zeta}{\partial z} \neq \sigma \left(\frac{\partial \zeta}{\partial z}\right)^*$. Also gibt es unter der Voraussetzung (5) zu auf $\{\xi : a \leqq \xi \leqq b\}$ vorgegebenen Werten von F in einer Umgebung von $(\xi_0, 0)$ eine eindeutig bestimmte Funktion F, für die (4) gilt. Rechnet man in die z-Ebene zurück, so erhält man zu auf γ vorgegebenen Werten eine Funktion F, für die (1) gilt.

Zusammenfassend erhält man

Satz 1. *In einer Umgebung von z_0 sei f vorgegeben. Ist $|\lambda(z)| \neq |\sigma(z)|$, so gibt es in einer Umgebung von z_0 eine Funktion F mit*

$$f(z) = \lambda(z) \frac{\partial F(z)}{\partial z} + \sigma(z) \frac{\partial F(z)}{\partial z^*} + \varkappa(z)\, F(z) .$$

Diese Funktion F ist durch ihre Werte auf einer analytischen Kurve γ eindeutig festgelegt (dabei soll γ durch z_0 genau einmal hindurchgehen).

Wählt man speziell $\lambda(z) = 1$, $\sigma(z) = 0$, $\varkappa(z) = 0$, $\forall z$, so geht Satz 1 in die folgende Aussage über:

Folgerung. *Zu gegebenem f gibt es (lokal) genau ein F, so daß*

$$\frac{\partial F}{\partial z} = f\,, \qquad \forall z\,,$$

und

$$F(z) = 0\,, \quad \forall z \in \gamma$$

gilt[1]).

2. Stammfunktionen mit Nebenbedingungen

In einer Umgebung von z_0 sei $f = u + i\,v$ gegeben. Es wird F so gesucht, daß

$$f(z) = \lambda(z)\,\frac{\partial F(z)}{\partial z} + \varkappa(z)\,F(z) \tag{7}$$

ist, wobei die Nebenbedingung

$$\frac{\partial F(z)}{\partial z^*} = \mu(z)\,\frac{\partial F(z)}{\partial z} + \nu(z)\,F(z) \tag{8}$$

erfüllt sei[2]). Setzt man neben (2) noch

$$\mu = \mu_1 + i\,\mu_2\,, \qquad \nu = \nu_1 + i\,\nu_2\,,$$

---

[1]) Die durch $F_0(z) = -\dfrac{1}{\pi}\displaystyle\iint\limits_M \frac{f(\zeta)}{\zeta^* - z^*}\,d\xi\,d\eta$ definierte Funktion (M kompakt) ist in Int. M eine spezielle Lösung der Differentialgleichung $\dfrac{\partial F_0}{\partial z} = f$; ist F eine weitere Lösung von $\dfrac{\partial F}{\partial z} = f$, so ist $\Phi = F - F_0$ antiholomorph. Daher kann man eine Lösung F von $\dfrac{\partial F}{\partial z} = f$ mit auf γ vorgeschriebenen Werten auch dadurch konstruieren, daß man eine antiholomorphe Funktion mit auf γ vorgeschriebenen Werten konstruiert (man beachte dabei, daß F_0 eine Potenzreihendarstellung besitzt, wenn dasselbe für f zutrifft).

[2]) Man erzielt keine größere Allgemeinheit, wenn man (7) durch (1) ersetzt. Denn durch Einsetzen von (8) in (1) geht (1) in eine Bedingung der Gestalt (7) über. Allerdings könnte man (7) zu

$$f = \lambda\,\frac{\partial F}{\partial z} + \varkappa\,F + \tilde{\lambda}\left(\frac{\partial F}{\partial z}\right)^* + \tilde{\varkappa}\,F^*$$

bzw. (8) zu

$$\frac{\partial F}{\partial z^*} = \mu\,\frac{\partial F}{\partial z} + \nu\,F + \tilde{\mu}\left(\frac{\partial F}{\partial z}\right)^* + \tilde{\nu}\,F^*$$

verallgemeinern.

so erhält man durch Aufspaltung von (7), (8) in Real- und Imaginärteile

$$\lambda_1 \frac{\partial U}{\partial x} - \lambda_2 \frac{\partial V}{\partial x} + \lambda_2 \frac{\partial U}{\partial y} + \lambda_1 \frac{\partial V}{\partial y} = -2\varkappa_1 U + 2\varkappa_2 V + 2u,$$

$$\lambda_2 \frac{\partial U}{\partial x} + \lambda_1 \frac{\partial V}{\partial x} - \lambda_1 \frac{\partial U}{\partial y} + \lambda_2 \frac{\partial V}{\partial y} = -2\varkappa_2 U - 2\varkappa_1 V + 2u,$$

$$(1-\mu_1)\frac{\partial U}{\partial x} + \mu_2 \frac{\partial V}{\partial x} - \mu_2 \frac{\partial U}{\partial y} - (1+\mu_1)\frac{\partial V}{\partial y} = 2\nu_1 U - 2\nu_2 V,$$

$$-\mu_2 \frac{\partial U}{\partial x} + (1-\mu_1)\frac{\partial V}{\partial x} + (1+\mu_1)\frac{\partial U}{\partial y} - \mu_2 \frac{\partial V}{\partial y} = 2\nu_2 U + 2\nu_1 V.$$

Unter der Voraussetzung

$$\lambda \neq 0$$

kann man dieses System nach $\frac{\partial U}{\partial x}, \frac{\partial U}{\partial y}, \frac{\partial V}{\partial x}, \frac{\partial V}{\partial y}$ auflösen. Man erhält

$$\left.\begin{aligned}
\frac{\partial U}{\partial x} &= c_{11} U + c_{12} V + u(a_1 + b_1) + v(a_2 - b_2),\\
\frac{\partial U}{\partial y} &= c_{21} U + c_{22} V + u(a_2 + b_2) - v(a_1 - b_1),\\
\frac{\partial V}{\partial x} &= -c_{12} U + c_{11} V - u(a_2 - b_2) + v(a_1 + b_1),\\
\frac{\partial V}{\partial y} &= -c_{22} U + c_{21} V + u(a_1 - b_1) + v(a_2 + b_2).
\end{aligned}\right\} \tag{9}$$

Dabei ist

$$\begin{aligned}
c_{11} &= -\varkappa_1(a_1 + b_1) - \varkappa_2(a_2 - b_2) + \nu_1,\\
c_{12} &= \varkappa_2(a_1 + b_1) - \varkappa_1(a_2 - b_2) - \nu_2,\\
c_{21} &= -\varkappa_1(a_2 + b_2) + \varkappa_2(a_1 - b_1) + \nu_2,\\
c_{22} &= \varkappa_2(a_2 + b_2) + \varkappa_1(a_1 - b_1) + \nu_1
\end{aligned}$$

und

$$a_1 = \frac{\lambda_1}{\lambda_1^2 + \lambda_2^2}, \qquad a_2 = \frac{\lambda_2}{\lambda_1^2 + \lambda_2^2}, \tag{10}$$

$$b_1 = \frac{\lambda_1 \mu_1 + \lambda_2 \mu_2}{\lambda_1^2 + \lambda_2^2}, \qquad b_2 = \frac{-\lambda_2 \mu_1 + \lambda_1 \mu_2}{\lambda_1^2 + \lambda_2^2}. \tag{11}$$

Aus (10) folgt

$$(a_1^2 + a_2^2)(\lambda_1^2 + \lambda_2^2) = 1,$$

also

$$\lambda_1 = \frac{a_1}{a_1^2 + a_2^2}, \qquad \lambda_2 = \frac{a_2}{a_1^2 + a_2^2}.$$

Das bedeutet: λ_1, λ_2 sind durch a_1, a_2 eindeutig festgelegt ($a_1^2 + a_2^2 \neq 0$). Ist $\lambda \neq 0$, so sind durch (11) wegen

$$\begin{vmatrix} \lambda_1 & \lambda_2 \\ -\lambda_2 & \lambda_1 \end{vmatrix} = \lambda_1^2 + \lambda_2^2 > 0$$

die Funktionen μ_1, μ_2 eindeutig durch b_1, b_2 festgelegt.

Jetzt wird untersucht, unter welchen Bedingungen das System (9) vollständig ist. Dazu werden die jeweils 2 aus (9) folgenden Darstellungen für die gemischten Ableitungen zweiter Ordnung von U und V ausgerechnet. Hierzu werden die Gleichungen (9) bezüglich y bzw. x partiell differenziert. Die auf den rechten Seiten der entstehenden Gleichungen befindlichen partiellen Ableitungen erster Ordnung von U und V werden — wieder nach (9) — durch U und V ausgedrückt. Auf diese Weise erhält man

$$\begin{aligned} \frac{\partial^2 U}{\partial x\, \partial y} &= \left(c_{11}\, c_{21} - c_{12}\, c_{22} + \frac{\partial c_{11}}{\partial y}\right) U + \left(c_{11}\, c_{22} + c_{12}\, c_{21} + \frac{\partial c_{12}}{\partial y}\right) V \\ &+ \left(c_{11}\,(a_2 + b_2) + c_{12}\,(a_1 - b_1) + \frac{\partial a_1}{\partial y} + \frac{\partial b_1}{\partial y}\right) u \\ &+ \left(- c_{11}\,(a_1 - b_1) + c_{12}\,(a_2 + b_2) + \frac{\partial a_2}{\partial y} - \frac{\partial b_2}{\partial y}\right) v \\ &+ (a_1 + b_1)\frac{\partial u}{\partial y} + (a_2 - b_2)\frac{\partial v}{\partial y}, \end{aligned} \tag{12}$$

$$\begin{aligned} \frac{\partial^2 U}{\partial y\, \partial x} &= \left(c_{11}\, c_{21} - c_{12}\, c_{22} + \frac{\partial c_{21}}{\partial x}\right) U + \left(c_{11}\, c_{22} + c_{12}\, c_{21} + \frac{\partial c_{22}}{\partial x}\right) V \\ &+ \left(c_{21}\,(a_1 + b_1) - c_{22}\,(a_2 - b_2) + \frac{\partial a_2}{\partial x} + \frac{\partial b_2}{\partial x}\right) u \\ &+ \left(c_{21}\,(a_2 - b_2) + c_{22}\,(a_1 + b_1) - \frac{\partial a_1}{\partial x} + \frac{\partial b_1}{\partial x}\right) v \\ &+ (a_2 + b_2)\frac{\partial u}{\partial x} - (a_1 - b_1)\frac{\partial v}{\partial x}, \end{aligned} \tag{13}$$

$$\begin{aligned} \frac{\partial^2 V}{\partial x\, \partial y} &= -\left(c_{11}\, c_{22} + c_{12}\, c_{21} + \frac{\partial c_{12}}{\partial y}\right) U + \left(c_{11}\, c_{21} - c_{12}\, c_{22} + \frac{\partial c_{11}}{\partial y}\right) V \\ &+ \left(c_{11}\,(a_1 - b_1) - c_{12}\,(a_2 + b_2) - \frac{\partial a_2}{\partial y} + \frac{\partial b_2}{\partial y}\right) u \\ &+ \left(c_{11}\,(a_2 + b_2) + c_{12}\,(a_1 - b_1) + \frac{\partial a_1}{\partial y} + \frac{\partial b_1}{\partial y}\right) v \\ &- (a_2 - b_2)\frac{\partial u}{\partial y} + (a_1 + b_1)\frac{\partial v}{\partial y}, \end{aligned} \tag{14}$$

$$\begin{aligned}\frac{\partial^2 V}{\partial y\,\partial x} = &-\left(c_{11}\,c_{22} + c_{12}\,c_{21} + \frac{\partial c_{22}}{\partial x}\right) U + \left(c_{11}\,c_{21} - c_{12}\,c_{22} + \frac{\partial c_{21}}{\partial x}\right) V \\ &- \left(c_{21}\,(a_2 - b_2) + c_{22}\,(a_1 + b_1) - \frac{\partial a_1}{\partial x} + \frac{\partial b_1}{\partial x}\right) u \\ &+ \left(c_{21}\,(a_1 + b_1) - c_{22}\,(a_2 - b_2) + \frac{\partial a_2}{\partial x} + \frac{\partial b_2}{\partial x}\right) v \\ &+ (a_1 - b_1)\,\frac{\partial u}{\partial x} + (a_2 + b_2)\,\frac{\partial v}{\partial x}\,. \end{aligned} \tag{15}$$

Die Forderung, daß U und V in (12) und (13) bzw. in (14) und (15) gleiche Koeffizienten haben sollen, führt auf die zwei Bedingungen

$$\frac{\partial c_{11}}{\partial y} = \frac{\partial c_{21}}{\partial x}\,, \tag{16}$$

$$\frac{\partial c_{12}}{\partial y} = \frac{\partial c_{22}}{\partial x}\,. \tag{17}$$

Die Summen der von U, V unabhängigen Summanden auf den rechten Seiten von (12) und (13) bzw. von (14) und (15) stimmen überein, wenn gilt:

$$\begin{aligned}&\Big(c_{11}\,(a_2 + b_2) + c_{12}\,(a_1 - b_1) - c_{21}\,(a_1 + b_1) + c_{22}\,(a_2 - b_2) \\ &\qquad + \frac{\partial a_1}{\partial y} + \frac{\partial b_1}{\partial y} - \frac{\partial a_2}{\partial x} - \frac{\partial b_2}{\partial x}\Big) u \\ &\qquad + \Big(- c_{11}\,(a_1 - b_1) + c_{12}\,(a_2 + b_2) - c_{21}\,(a_2 - b_2) - c_{22}\,(a_1 + b_1) \\ &\qquad + \frac{\partial a_1}{\partial x} - \frac{\partial b_1}{\partial x} + \frac{\partial a_2}{\partial y} - \frac{\partial b_2}{\partial y}\Big) v \\ &\qquad - (a_2 + b_2)\,\frac{\partial u}{\partial x} + (a_1 + b_1)\,\frac{\partial u}{\partial y} + (a_1 - b_1)\,\frac{\partial v}{\partial x} + (a_2 - b_2)\,\frac{\partial v}{\partial y} = 0\,, \end{aligned} \tag{18}$$

$$\begin{aligned}&\Big(c_{11}\,(a_1 - b_1) - c_{12}\,(a_2 + b_2) + c_{21}\,(a_2 - b_2) + c_{22}\,(a_1 + b_1) \\ &\qquad - \frac{\partial a_1}{\partial x} + \frac{\partial b_1}{\partial x} - \frac{\partial a_2}{\partial y} + \frac{\partial b_2}{\partial y}\Big) u \\ &\qquad + \Big(c_{11}\,(a_2 + b_2) + c_{12}\,(a_1 - b_1) - c_{21}\,(a_1 + b_1) + c_{22}\,(a_2 - b_2) \\ &\qquad + \frac{\partial a_1}{\partial y} + \frac{\partial b_1}{\partial y} - \frac{\partial a_2}{\partial x} - \frac{\partial b_2}{\partial x}\Big) v \\ &\qquad - (a_1 - b_1)\,\frac{\partial u}{\partial x} - (a_2 - b_2)\,\frac{\partial u}{\partial y} - (a_2 + b_2)\,\frac{\partial v}{\partial x} + (a_1 + b_1)\,\frac{\partial v}{\partial y} = 0\,. \end{aligned} \tag{19}$$

Durch Anwendung der Theorie vollständiger Differentialgleichungssysteme (vgl. [1]) ergibt sich

Satz 2. *Sind $f, \lambda, \varkappa, \mu, \nu$ gegebene Funktionen* ($\lambda \neq 0$) *und sind die Gleichungen* (16), (17), (18), (19) *erfüllt, so gibt es genau eine Lösung F des Systems*

$$\lambda \frac{\partial F}{\partial z} + \varkappa F = f ,$$

$$\mu \frac{\partial F}{\partial z} + \nu F = \frac{\partial F}{\partial z^*} ,$$

die in z_0 einen beliebig vorgeschriebenen Wert $F(z_0)$ annimmt.

Die Bestimmung von F kann (vgl. [2]) in zwei Schritten durch Lösung je eines Anfangswertproblems erfolgen. Beim ersten Schritt ist dabei ein gewöhnliches Differentialgleichungssystem zu lösen, beim zweiten Schritt ein partielles System, auf das der Satz von CAUCHY-KOWALEWSKAJA anwendbar ist.

3. Spezialfälle für Stammfunktionen mit Nebenbedingungen

I. Es sei $\nu(z) = 0$, $\mu(z) = 0$, $\forall z$. Also werden holomorphe Funktionen F gesucht. In diesem Fall ist $(\lambda(z) \neq 0)$

$$b_1 = 0 , \qquad b_2 = 0 ,$$

und folglich

$$c_{11} = -\varkappa_1 a_1 - \varkappa_2 a_2 = -c_{22} ,$$

$$c_{12} = \varkappa_2 a_1 - \varkappa_1 a_2 = c_{21} .$$

Die Gleichungen (16), (17), (18), (19) werden jetzt als lineares Gleichungssystem für die partiellen Ableitungen von $a_1, a_2, \varkappa_1, \varkappa_2$ bezüglich y aufgefaßt:

$$\left.\begin{aligned} -\varkappa_1 \frac{\partial a_1}{\partial y} - \varkappa_2 \frac{\partial a_2}{\partial y} - a_1 \frac{\partial \varkappa_1}{\partial y} - a_2 \frac{\partial \varkappa_2}{\partial y} &= \cdots , \\ \varkappa_2 \frac{\partial a_1}{\partial y} - \varkappa_1 \frac{\partial a_2}{\partial y} - a_2 \frac{\partial \varkappa_1}{\partial y} - a_1 \frac{\partial \varkappa_2}{\partial y} &= \cdots , \\ u \frac{\partial a_1}{\partial y} + v \frac{\partial a_2}{\partial y} &= \cdots , \\ v \frac{\partial a_1}{\partial y} - u \frac{\partial a_2}{\partial y} &= \cdots . \end{aligned}\right\} \tag{20}$$

Auf den rechten Seiten stehen die Werte der Funktionen $f, \lambda, \varkappa$ und die Werte der partiellen Ableitungen erster Ordnung bezüglich x von diesen Funktionen. Die Koeffizientendeterminante dieses linearen Systems ist

$$(u^2 + v^2)(a_1^2 + a_2^2) = \frac{|f|^2}{|\lambda|^2} .$$

Unter der Voraussetzung $f \neq 0, \lambda \neq 0$ ist also das System (20) mit einem CAUCHY-KOWALEWSKAJA-System für $a_1, a_2, \varkappa_1, \varkappa_2$ gleichwertig. Das bedeutet: Gibt man $a_1, a_2, \varkappa_1, \varkappa_2$, d. h. also λ und $\varkappa$, auf einer Parallelen zur x-Achse vor, so kann man λ und $\varkappa$ eindeutig so bestimmen, daß die Bedingungen (16), (17), (18), (19) erfüllt sind.

Dann gibt es aber zu f nach Satz 2 ein durch $F(z_0)$ eindeutig bestimmtes F, so daß (7) und (8) erfüllt sind.

Wie in **1.** sei γ eine analytische Kurve ($z = z(\zeta), \zeta = \xi + i\eta, \gamma$ das Bild eines Intervalls auf der ξ-Achse). Rechnet man (7) in die ζ-Ebene zurück, so ergibt sich

$$f = \lambda \frac{\partial \zeta}{\partial z} \frac{\partial F}{\partial \zeta} + \varkappa F .$$

Wegen der Holomorphie der durch $z = z(\zeta)$ definierten Funktion ist F als auch in der ζ-Ebene definierte Funktion holomorph. Man kann also auch die Werte von λ und $\varkappa$ auf einer analytischen Kurve vorgeben. Insgesamt hat man damit

Satz 3. *Es sei $f \neq 0$ in einer Umgebung von z_0 vorgegeben. Dann gibt es eine holomorphe Funktion F, so daß*

$$f = \lambda \frac{\partial F}{\partial z} + \varkappa F$$

ist, wobei λ und $\varkappa$ auf γ vorgeschriebene Werte haben (γ ist eine analytische Kurve, die genau einmal durch z_0 hindurchgeht). Durch den Funktionswert $F(z_0)$ ist F eindeutig festgelegt.

Durch Spezialisierung ($\lambda = 1, \varkappa = 0, \forall z \in \gamma$) folgt

Folgerung. *Ist f gegeben, so gibt es zu vorgegebenem $F(z_0)$ genau eine holomorphe Funktion F, so daß*

$$f = \frac{\partial F}{\partial z} \quad \text{auf } \gamma$$

gilt[1]).

---

[1]) Diesen Spezialfall von Satz 3 kann man auch wie folgt beweisen: Ist γ zunächst ein Intervall auf der x-Achse, so werde die Einschränkung von f auf γ in einer Umgebung von z_0 in eine Potenzreihe in x entwickelt. Ersetzt man das reelle x durch das komplexe z, so erhält man eine holomorphe Funktion $\tilde{f}$, die auf γ mit f übereinstimmt. Ist F eine (holomorphe) Stammfunktion von f, so gilt $f = \frac{dF}{dz} = \frac{\partial F}{\partial z}$. Wegen $\tilde{f} = f$ auf γ ist also

$$f = \frac{\partial F}{\partial z} \text{ auf } \gamma .$$

Ist γ schließlich eine beliebige analytische Kurve ($z = z(\zeta)$), so erhält man die Aussage wiederum durch Zurückrechnung in die ζ-Ebene.

II. Es sei $\varkappa(z) = 0$, $\nu(z) = 0$, $\forall z$. Dann ist $c_{ij}(z) = 0$, $\forall z$, $i, j = 1, 2$. Damit werden die Gleichungen (16), (17) gegenstandslos. Die Gleichungen (18), (19) vereinfachen sich zu

$$\left(\frac{\partial a_1}{\partial y} + \frac{\partial b_1}{\partial y} - \frac{\partial a_2}{\partial x} - \frac{\partial b_2}{\partial x}\right) u + \left(\frac{\partial a_1}{\partial x} - \frac{\partial b_1}{\partial x} + \frac{\partial a_2}{\partial y} - \frac{\partial b_2}{\partial y}\right) v$$
$$- (a_2 + b_2) \frac{\partial u}{\partial x} + (a_1 + b_1) \frac{\partial u}{\partial y} + (a_1 - b_1) \frac{\partial v}{\partial x} + (a_2 - b_2) \frac{\partial v}{\partial y} = 0\,, \tag{21}$$

$$\left(-\frac{\partial a_1}{\partial x} + \frac{\partial b_1}{\partial x} - \frac{\partial a_2}{\partial y} + \frac{\partial b_2}{\partial y}\right) u + \left(\frac{\partial a_1}{\partial y} + \frac{\partial b_1}{\partial y} - \frac{\partial a_2}{\partial x} - \frac{\partial b_2}{\partial x}\right) v$$
$$- (a_1 - b_1) \frac{\partial u}{\partial x} - (a_2 - b_2) \frac{\partial u}{\partial y} - (a_2 + b_2) \frac{\partial v}{\partial x} + (a_1 + b_1) \frac{\partial v}{\partial y} = 0\,. \tag{22}$$

Dann ergibt sich aus Satz 2:

Satz 4. *Es seien λ, μ gegebene Funktionen* ($\lambda \neq 0$). *Falls die Funktion* $f = u + i\,v$ *die Bedingungen* (21), (22) *erfüllt, gibt es zu vorgegebenem* $F(z_0)$ *genau eine Funktion* F, *so daß*

$$f = \lambda \frac{\partial F}{\partial z}\,, \qquad \frac{\partial F}{\partial z^*} = \mu \frac{\partial F}{\partial z}$$

ist.

Ist speziell $\lambda(z) = 1$, $\mu(z) = 0$, $\forall z$, so geht (21), (22) in das CAUCHY-RIEMANNsche Differentialgleichungssystem über.

Die Gleichungen (21), (22) werden jetzt als Differentialgleichungssystem zur Bestimmung von u, v aufgefaßt. Es ist

$$\left.\begin{aligned} (a_1 + b_1) \frac{\partial u}{\partial y} + (a_2 - b_2) \frac{\partial v}{\partial y} &= \cdots\,, \\ - (a_2 - b_2) \frac{\partial u}{\partial y} + (a_1 - b_1) \frac{\partial v}{\partial y} &= \cdots\,, \end{aligned}\right\} \tag{23}$$

wobei auf den rechten Seiten die Funktionswerte von u, v, $\frac{\partial u}{\partial x}$, $\frac{\partial v}{\partial x}$ stehen. Das System (23) wird als lineares Gleichungssystem für $\frac{\partial u}{\partial y}$, $\frac{\partial v}{\partial y}$ aufgefaßt. Die Koeffizientendeterminante ist

$$(a_1 + b_1)^2 + (a_2 - b_2)^2 = \frac{1}{(\lambda_1^2 + \lambda_2^2)^2} \left((\lambda_1 + \lambda_1 \mu_1 + \lambda_2 \mu_2)^2 + (\lambda_2 + \lambda_2 \mu_1 - \lambda_1 \mu_2)^2\right)$$
$$= \frac{1}{\lambda_1^2 + \lambda_2^2} \left((1 + \mu_1)^2 + \mu_2^2\right) = \frac{|1 + \mu|^2}{|\lambda|^2}\,.$$

Unter der Voraussetzung $\lambda \neq 0$, $\mu \neq -1$ ist das System (23) also mit einem CAUCHY-KOWALEWSKAJA-System für u, v gleichwertig. Durch die Werte auf einer Parallelen zur x-Achse gibt es daher ein eindeutig bestimmtes $f = u + i\,v$, so daß (23), d. h. also auch (21), (22) erfüllt ist. Daher gibt es nach Satz 4 weiter ein F, das durch $F(z)$ eindeutig festgelegt ist, so daß

$$f = \lambda \frac{\partial F}{\partial z}, \qquad \frac{\partial F}{\partial z^*} = \mu \frac{\partial F}{\partial z} \tag{24}$$

ist.

Ist γ wieder eine analytische Kurve $\left(z = z(\zeta)\right)$, so gehen (21), (22) bei Umrechnung in die ζ-Ebene in

$$\left.\begin{aligned}
&\frac{\partial u}{\partial \eta}\left(-(a_2+b_2)\frac{\partial \eta}{\partial x} + (a_1+b_1)\frac{\partial \eta}{\partial y}\right)\\
&\qquad + \frac{\partial v}{\partial \eta}\left((a_1-b_1)\frac{\partial \eta}{\partial x} + (a_2-b_2)\frac{\partial \eta}{\partial y}\right) = \cdots,\\
&\frac{\partial u}{\partial \eta}\left(-(a_1-b_1)\frac{\partial \eta}{\partial x} - (a_2-b_2)\frac{\partial \eta}{\partial y}\right)\\
&\qquad + \frac{\partial v}{\partial \eta}\left(-(a_2+b_2)\frac{\partial \eta}{\partial x} + (a_1+b_1)\frac{\partial \eta}{\partial y}\right) = \cdots,
\end{aligned}\right\} \tag{25}$$

über, wobei auf den rechten Seiten $u, v, \frac{\partial u}{\partial \xi}, \frac{\partial v}{\partial \xi}$ steht. Die Koeffizientendeterminante dieses linearen Gleichungssystems für $\frac{\partial u}{\partial \eta}, \frac{\partial v}{\partial \eta}$ ist

$$\left(-(a_2+b_2)\frac{\partial \eta}{\partial x} + (a_1+b_1)\frac{\partial \eta}{\partial y}\right)^2 + \left((a_1-b_1)\frac{\partial \eta}{\partial x} + (a_2-b_2)\frac{\partial \eta}{\partial y}\right)^2.$$

Durch Berücksichtigung von (10), (11) ergibt sich für die Koeffizientendeterminante der Wert

$$\frac{1}{|\lambda|^2}\left(|1-\mu|^2\left(\frac{\partial \eta}{\partial x}\right)^2 - 4\,\mu_2\frac{\partial \eta}{\partial x}\frac{\partial \eta}{\partial y} + |1+\mu|^2\left(\frac{\partial \eta}{\partial y}\right)^2\right). \tag{26}$$

Das ist eine quadratische Form in $\frac{\partial \eta}{\partial x}, \frac{\partial \eta}{\partial y}$. Ihre Diskriminante ist

$$\begin{aligned}
&\frac{1}{|\lambda|^4}\left(|1-\mu|^2\,|1+\mu|^2 - 4\,\mu_2^2\right)\\
&= \frac{1}{|\lambda|^4}\left((1+\mu_1^2+\mu_2^2-2\,\mu_1)(1+\mu_1^2+\mu_2^2+2\,\mu_1) - 4\,\mu_2^2\right) = \frac{(1-|\mu|^2)^2}{|\lambda|^4}.
\end{aligned}$$

Setzt man $|\mu| \neq 1$ voraus, so ist die Diskriminante also positiv. Da wegen $\frac{\partial \zeta}{\partial z} = \frac{\partial \xi}{\partial x} + i\,\frac{\partial \eta}{\partial x} = \frac{\partial \eta}{\partial y} + i\,\frac{\partial \eta}{\partial x} \neq 0$ nicht $\frac{\partial \eta}{\partial x}$ und $\frac{\partial \eta}{\partial y}$ gleichzeitig

Null sein können, ist die Koeffizientendeterminante (26) unter der Voraussetzung $|\mu| \neq 1$ also von Null verschieden, so daß (25) nach $\frac{\partial u}{\partial \eta}, \frac{\partial v}{\partial \eta}$ aufgelöst werden kann.

In der ζ-Ebene ist

$$f = \lambda \frac{\partial \zeta}{\partial z} \frac{\partial F}{\partial \zeta}, \qquad \frac{\partial F}{\partial \zeta^*} \left(\frac{\partial \zeta}{\partial z} \right)^* = \mu \frac{\partial \zeta}{\partial z} \frac{\partial F}{\partial \zeta}.$$

Wegen $\frac{\partial z}{\partial \zeta} \neq 0$ ist $\frac{\partial \zeta}{\partial z} \neq 0$ und die zweite dieser beiden Gleichungen kann in der Form

$$\frac{\partial F}{\partial \zeta^*} = \mu \frac{\frac{\partial \zeta}{\partial z}}{\left(\frac{\partial \zeta}{\partial z} \right)^*} \frac{\partial F}{\partial \zeta}$$

geschrieben werden.

Da $\frac{\partial \zeta}{\partial z}$ und $\left(\frac{\partial \zeta}{\partial z} \right)^*$ gleichen Betrag haben, ist $\mu \frac{\frac{\partial \zeta}{\partial z}}{\left(\frac{\partial \zeta}{\partial z} \right)^*}$ bestimmt dann von -1 verschieden, wenn wieder $|\mu| \neq 1$ gefordert wird.

Damit ergibt sich insgesamt

Satz 5. *Es seien λ, μ in einer Umgebung von z_0 gegebene Funktionen, $\lambda \neq 0, |\mu| \neq 1$. Weiter sei γ eine genau einmal durch z_0 hindurchgehende analytische Kurve. Das Differentialgleichungssystem*

$$f = \lambda \frac{\partial F}{\partial z}, \qquad \frac{\partial F}{\partial z^*} = \mu \frac{\partial F}{\partial z}$$

zur Bestimmung der beiden Funktionen f, F ist eindeutig lösbar, wenn für f die Werte auf γ und für F der Wert in z_0 vorgeschrieben werden[1]).

Hält man die Funktionswerte von f auf γ fest und läßt man nur $F(z_0)$ variieren, so ergibt sich stets dasselbe f; die zugehörigen Funktionen F unterscheiden sich nur um additive Konstanten. Denn sind f und F Lösung von (24), so sind einerseits auch f und $F + \text{const}$ Lösung von (24). Andererseits ist nach Satz 5 die Lösung von (24) durch die Werte von f auf γ und durch $F(z_0)$ eindeutig bestimmt.

[1]) Dieser Satz gilt auch, wenn $\varkappa(z) \neq 0$, $\nu(z) \neq 0$ ist, wenn nur (16), (17) erfüllt ist. Bei den entsprechenden Rechnungen sind dann (21), (22) allerdings wieder durch (18), (19) zu ersetzen. Da beim Übergang von (18), (19) zu (21), (22) keine partiellen Ableitungen weggelassen wurden, bleiben alle durchgeführten Überlegungen auch in diesem Fall gültig.

Im Spezialfall $\lambda(z) = 1$, $\mu(z) = 0$, $\forall z$, liefert Satz 5 insbesondere eine holomorphe Funktion f mit auf γ vorgeschriebenen Werten.

Wird neben $\varkappa(z) = 0$, $\nu(z) = 0$, $\forall z$, jetzt zusätzlich noch $\mu(z) = 0$, $\forall z$, vorausgesetzt, so vereinfachen sich die Gleichungen (21), (22) zu

$$\left.\begin{aligned} u\frac{\partial a_1}{\partial y} + v\frac{\partial a_2}{\partial y} &= \cdots, \\ v\frac{\partial a_1}{\partial y} - u\frac{\partial a_2}{\partial y} &= \cdots, \end{aligned}\right\} \tag{27}$$

wobei auf den rechten Seiten (neben u, v und deren partiellen Ableitungen erster Ordnung) a_1, a_2, $\frac{\partial a_1}{\partial x}$, $\frac{\partial a_2}{\partial x}$ stehen. Das System (27) ist nach $\frac{\partial a_1}{\partial y}$, $\frac{\partial a_2}{\partial y}$ auflösbar, falls

$$u^2 + v^2 = |f|^2 \neq 0$$

ist. Durch Vorgabe von a_1, a_2 (also — vgl. (10) — durch Vorgabe von λ, $\lambda \neq 0$) auf einer Parallelen zur x-Achse lassen sich a_1, a_2 so bestimmen, daß (27) gilt. Da λ eindeutig durch a_1, a_2 festgelegt ist, ist damit gezeigt:

Ist $f \neq 0$ vorgegeben, so gibt es (nach Satz 2) eine holomorphe Funktion F (für die $F(z_0)$ beliebig vorgeschrieben werden kann), so daß

$$f = \lambda \frac{\partial F}{\partial z}$$

ist. Dabei hat $\lambda \neq 0$ auf der betrachteten Parallelen zur x-Achse beliebig vorgeschriebene Werte.

Nun soll gezeigt werden, daß diese Aussage auch gilt, wenn die Werte von λ auf einer analytischen Kurve γ $\left(z = z(\zeta), \zeta = \xi + i\eta\right)$ vorgeschrieben werden. Rechnet man in die ζ-Ebene um, so erhält man anstelle (27) aus (21), (22)

$$\left.\begin{aligned} \left(u\frac{\partial \eta}{\partial y} + v\frac{\partial \eta}{\partial x}\right)\frac{\partial a_1}{\partial \eta} + \left(-u\frac{\partial \eta}{\partial x} + v\frac{\partial \eta}{\partial y}\right)\frac{\partial a_2}{\partial \eta} &= \cdots, \\ \left(-u\frac{\partial \eta}{\partial x} + v\frac{\partial \eta}{\partial y}\right)\frac{\partial a_1}{\partial \eta} - \left(u\frac{\partial \eta}{\partial y} + v\frac{\partial \eta}{\partial x}\right)\frac{\partial a_2}{\partial \eta} &= \cdots. \end{aligned}\right\} \tag{28}$$

Auf den rechten Seiten stehen a_1, a_2, $\frac{\partial a_1}{\partial \xi}$, $\frac{\partial a_2}{\partial \xi}$. Das System (28) läßt sich unter der Voraussetzung $f \neq 0$ nach $\frac{\partial a_1}{\partial \eta}$, $\frac{\partial a_2}{\partial \eta}$ auflösen, denn die Koeffizientendeterminante ist

$$-\left(u\frac{\partial \eta}{\partial y} + v\frac{\partial \eta}{\partial x}\right)^2 - \left(-u\frac{\partial \eta}{\partial x} + v\frac{\partial \eta}{\partial y}\right)^2 = -|f|^2\left|\frac{\partial \zeta}{\partial z}\right|^2.$$

Da $f = \lambda \frac{\partial F}{\partial z}$ bei Übergang in die ζ-Ebene die Form

$$f = \lambda \frac{\partial \zeta}{\partial z} \frac{\partial F}{\partial \zeta}$$

annimmt und da $\lambda \frac{\partial \zeta}{\partial z} \neq 0$ ist, hat man also auch hier den Fall einer beliebigen analytischen Kurve auf den vorher behandelten Fall einer zur x-Achse parallelen Strecke zurückgeführt.

Die Konstruktion von λ durch die Anfangswerte auf γ erfolgte so, daß die Voraussetzungen (18), (19) von Satz 2 erfüllt sind. Unabhängig von dieser Konstruktion soll jetzt gezeigt werden:

Es ist unmöglich, daß es außer λ eine davon verschiedene Funktion $\tilde{\lambda}, \tilde{\lambda} = \lambda$ auf γ und dazu eine holomorphe Funktion $\tilde{F}$ gibt, daß

$$\tilde{f} = \lambda \frac{\partial \tilde{F}}{\partial z}$$

ist. Denn wegen $f = \lambda \frac{\partial F}{\partial z}$ wäre dann

$$\lambda \frac{\partial F}{\partial z} = \tilde{\lambda} \frac{\partial \tilde{F}}{\partial z}. \tag{29}$$

Nun kann die holomorphe Funktion $\frac{\partial F}{\partial z}$ nur isolierte Nullstellen haben (man betrachte etwa eine abgeschlossene Kreisscheibe um z_0), da sonst $\frac{\partial F(z)}{\partial z} = 0, \forall z$ und somit $f(z) = 0, \forall z$, sein müßte. Außerhalb der Nullstellen von $\frac{\partial F}{\partial z}$ ist nach (29)

$$\frac{\lambda}{\tilde{\lambda}} = \frac{\frac{\partial \tilde{F}}{\partial z}}{\frac{\partial F}{\partial z}},$$

d. h., $\frac{\lambda}{\tilde{\lambda}}$ ist selbst holomorph. Auf γ ist $\frac{\lambda}{\tilde{\lambda}} = 1$, also muß $\frac{\lambda}{\tilde{\lambda}} = 1$ für alle z sein, d. h., es ist $\lambda(z) = \tilde{\lambda}(z), \forall z$, gezeigt (in den zunächst ausgeschlossenen Nullstellen von $\frac{\partial F}{\partial z}$ folgt diese Aussage aus Stetigkeitsgründen). Wegen $\lambda = \tilde{\lambda}$ zeigt (29), daß $\frac{\partial F}{\partial z} = \frac{\partial \tilde{F}}{\partial z}$ sein muß. Da F und $\tilde{F}$ holomorph sind, muß dann aber $F - \tilde{F} = \text{const}$ sein.

Insgesamt ist damit gezeigt:

Satz 6. *Zu einer gegebenen Funktion $f \neq 0$ gibt es bei Vorgabe von $F(z_0)$ und bei Vorgabe von λ auf einer (einmal durch z_0 hindurchgehenden) analytischen Kurve genau eine holomorphe Funktion F, so daß*

$$f = \lambda \frac{\partial F}{\partial z}$$

ist.

Setzt man $\lambda(z) = 1$, $\forall\, z \in \gamma$, so liefert dieser Satz (unter der Voraussetzung $f \neq 0$) die Folgerung zu Satz 3.

III. Bei vorgegebenen Funktionen $\lambda, \varkappa$ ($\lambda \neq 0$) kann man (16), (17), (18), (19) als Differentialgleichungssystem für b_1, b_2 (d. h. μ_1, μ_2) und ν_1, ν_2 auffassen:

$$\left.\begin{aligned} -\varkappa_1 \frac{\partial b_1}{\partial y} + \varkappa_2 \frac{\partial b_2}{\partial y} + \frac{\partial \nu_1}{\partial y} &= \cdots, \\ \varkappa_2 \frac{\partial b_1}{\partial x} + \varkappa_1 \frac{\partial b_2}{\partial y} - \frac{\partial \nu_2}{\partial y} &= \cdots, \\ u \frac{\partial b_1}{\partial y} - v \frac{\partial b_2}{\partial y} &= \cdots, \\ v \frac{\partial b_1}{\partial y} + u \frac{\partial b_2}{\partial y} &= \cdots. \end{aligned}\right\} \tag{30}$$

Auf den rechten Seiten stehen die Funktionswerte von b_1, b_2, ν_1, ν_2 und von den partiellen Ableitungen bezüglich x dieser Funktionen. Das System (30) ist ein lineares Gleichungssystem für $\frac{\partial b_1}{\partial y}, \frac{\partial b_2}{\partial y}, \frac{\partial \nu_1}{\partial y}, \frac{\partial \nu_2}{\partial y}$. Die Koeffizientendeterminante ist

$$\begin{vmatrix} -\varkappa_1 & \varkappa_2 & 1 & 0 \\ \varkappa_2 & \varkappa_1 & 0 & -1 \\ u & -v & 0 & 0 \\ v & u & 0 & 0 \end{vmatrix} = -(u^2 + v^2) = -|f|^2,$$

sie ist also unter der Voraussetzung $f \neq 0$ von Null verschieden. In diesem Fall ist (30) ein CAUCHY-KOWALEWSKAJA-System für b_1, b_2, ν_1, ν_2, es sind also b_1, b_2 (also μ_1, μ_2) und ν_1, ν_2 durch ihre Werte auf einer Parallelen zur x-Achse eindeutig festgelegt.

Ist γ wieder eine analytische Kurve, so erhält man durch Zurückrechnung von (7), (8) in die ζ-Ebene

$$f = \lambda \frac{\partial \zeta}{\partial z} \frac{\partial F}{\partial \zeta} + \varkappa F, \qquad \frac{\partial F}{\partial \zeta^*} = \mu \frac{\frac{\partial \zeta}{\partial z}}{\left(\frac{\partial \zeta}{\partial z}\right)^*} \frac{\partial F}{\partial \zeta} + \nu \frac{1}{\left(\frac{\partial \zeta}{\partial z}\right)^*} F, \tag{31}$$

wegen $\lambda \neq 0$ ist also auch $\lambda \frac{\partial \zeta}{\partial z} \neq 0$.

Damit ist gezeigt

Satz 7. *Es sei $f \neq 0$ vorgegeben. Wie auch $\lambda \neq 0$ und $\varkappa$ gewählt werden, es gibt stets eine Funktion F (für die $F(z_0)$ noch willkürlich gewählt werden kann), so daß*

$$f = \lambda \frac{\partial F}{\partial z} + \varkappa F$$

ist. Die Funktion F erfüllt auf γ die vorgegebene Nebenbedingung

$$\frac{\partial F}{\partial z^*} = \mu \frac{\partial F}{\partial z} + \nu F .$$

Wählt man speziell $\mu(z) = 0$, $\nu(z) = 0$, $\forall z \in \gamma$ und $\lambda(z) = 1$, $\varkappa(z) = 0$, $\forall z$, so erhält man

Folgerung. *Zu gegebenem $f \neq 0$ existiert (lokal) F mit vorschreibbarem $F(z_0)$ so, daß $f = \frac{\partial F}{\partial z}$ gilt, wobei auf γ die Nebenbedingung*

$$\frac{\partial F}{\partial z^*} = 0$$

erfüllt ist.

IV. Schließlich seien μ, ν vorgegeben. Die Gleichungen (16), (17), (18), (19) werden jetzt als Differentialgleichungssystem für $a_1, a_2, \varkappa_1, \varkappa_2$ aufgefaßt:

$$\left.\begin{aligned} -\varkappa_1 \frac{\partial a_1}{\partial y} - \varkappa_2 \frac{\partial a_2}{\partial y} - (a_1 + b_1) \frac{\partial \varkappa_1}{\partial y} - (a_2 - b_2) \frac{\partial \varkappa_2}{\partial y} &= \cdots, \\ \varkappa_2 \frac{\partial a_1}{\partial y} - \varkappa_1 \frac{\partial a_2}{\partial y} - (a_2 - b_2) \frac{\partial \varkappa_1}{\partial y} + (a_1 + b_1) \frac{\partial \varkappa_2}{\partial y} &= \cdots, \\ u \frac{\partial a_1}{\partial y} + v \frac{\partial a_2}{\partial y} &= \cdots, \\ v \frac{\partial a_1}{\partial y} - u \frac{\partial a_2}{\partial y} &= \cdots. \end{aligned}\right\} \quad (32)$$

Auf den rechten Seiten stehen $a_1, a_2, \varkappa_1, \varkappa_2$ und die partiellen Ableitungen erster Ordnung bezüglich x dieser Funktionen. Das System (31) ist ein lineares Gleichungssystem für $\frac{\partial a_1}{\partial y}, \frac{\partial a_2}{\partial y}, \frac{\partial \varkappa_1}{\partial y}, \frac{\partial \varkappa_2}{\partial y}$. Die Koeffizientendeterminante ist

$$-(u^2 + v^2)\left((a_1 + b_1)^2 + (a_2 - b_2)^2\right) = -|f|^2 \frac{|1 + \mu|^2}{|\lambda|^2} .$$

Unter der Voraussetzung $f \neq 0$, $\mu \neq -1$ kann man aus den Werten $\lambda, \varkappa$ auf einer Parallelen zur x-Achse ($\lambda \neq 0$) die Funktionen $\lambda, \varkappa$ so bestimmen, daß Satz 2 anwendbar wird. Es gibt also zu f eine Funktion F (mit vorgebbarem $F(z_0)$), so daß (7), (8) gilt.

Um den Fall einer analytischen Kurve mit zu erfassen, rechne man (7), (8) in die ζ-Ebene um; man erhält wieder (31). Setzt man $|\mu| \neq 1$ voraus, so ist

$$\mu \frac{\frac{\partial \zeta}{\partial z}}{\left(\frac{\partial \zeta}{\partial z}\right)^*} \neq -1 ,$$

man kann den Fall einer analytischen Kurve dann also auf den Fall einer zur x-Achse parallelen Strecke zurückführen. Es ist somit gezeigt:

Satz 8. *Es sei $f \neq 0$ gegebene Funktion. Sind weiter μ, ν vorgegeben ($|\mu| \neq 1$), so gibt es eine Funktion F (mit beliebig zu wählendem $F(z_0)$), die Lösung der Differentialgleichung*

$$\frac{\partial F}{\partial z^*} = \mu \frac{\partial F}{\partial z} + \nu F$$

ist, und wobei die Funktion f auf γ die Darstellung

$$f = \lambda \frac{\partial F}{\partial z} + \nu F$$

besitzt ($\lambda \neq 0$ und ν sind auf γ beliebig vorgebbar).

Es sei bemerkt, daß die Folgerung von Satz 3 auch aus Satz 8 folgt, wenn man $\mu(z) = 0$, $\nu(z) = 0$, $\forall z$, setzt.

LITERATURVERZEICHNIS

[1] E. GOURSAT, Leçons sur l'intégration des équations aux dérivées partielles du premier ordre. 2. éd., Paris 1921.

[2] W. TUTSCHKE, Das Reziprozitätstheorem für eine Klasse pseudoholomorpher Funktionen mehrerer komplexer Variabler. Sitzungsberichte d. Sächs. Akad. d. Wiss. zu Leipzig, Math-naturw. Klasse, Bd. 108, Heft 5, 1969.

[3] I. N. VEKUA, Verallgemeinerte analytische Funktionen. Berlin 1963 (Übers. aus dem Russ.).

SITZUNGSBERICHTE DER SÄCHSISCHEN AKADEMIE DER WISSENSCHAFTEN ZU LEIPZIG

MATHEMATISCH-NATURWISSENSCHAFTLICHE KLASSE

Band 107

Heft 1 Prof. Dr. OTT-HEINRICH KELLER, Die Homologiegruppen der Flächen 3. Ordnung
1965. 15 Seiten – 8° – M 2,30

Heft 2 Prof. Dr. FRANZ RUNGE, Grignard und die nach ihm benannte Synthese
1966. 17 Seiten – 3 Abbildungen – 8° – M 2,30

Heft 3 Prof. Dr. KARL SCHMALFUSS, Zur Kenntnis der Bodenbildung
1966. 13 Seiten – 4 Tabellen – 8° – M 1,40

Heft 4 Dr. BODO RENSCHUCH, Verallgemeinerungen des Bezoutschen Satzes
1966. 41 Seiten – 8° – M 4,50

Heft 5 Prof. Dr. med. ROLF EMMRICH, Realität und Theorien des Alterns
1966. 20 Seiten – 9 Abbildungen – 8° – M 2,60

Heft 6 Prof. Dr. WILHELM MAIER, Nichteuklidische Volumina
1967. 20 Seiten – 16 Abbildungen – 8° – M 2,80

Heft 7 Dr. LOTHAR VON WOLFERSDORF, Zur Berechnung optimaler Strategien für Spiele über dem Einheitsquadrat mit an der Hauptdiagonalen unstetigen Auszahlungsfunktionen
1968. 53 Seiten – 8° – M 5,70

Band 108

Heft 1 Prof. Dr. PAUL GÖRLICH / Dipl.-Phys. DETLEF GÜLDNER / Dr. HANS-JOACHIM POHL, „Elektronische Spektralmessung" mit steuerbaren Photovervielfachern
1967. 12 Seiten – 9 Abbildungen – 1 Tabelle – 8° – M 2,10

Heft 2 Prof. Dr. MANFRED GERSCH, Neuroendokrinologie der Insekten
1968. 33 Seiten – 12 Abbildungen – 1 Kunstdrucktafel – 8° – M 4,–

Heft 3 Prof. Dr. HASSO ESSBACH, Die Bedeutung der Morphologie in der Heilkunde
1968. 16 Seiten – 1 Textabb. – 13 Abb. auf 8 Kunstdrucktaf., davon 11 vierfarbig
8° – M 12,80

Heft 4 Prof. Dr. OTT-HEINRICH KELLER, Über eine Definition von S. Lefschetz in der topologischen Schnittheorie
1969. 29 Seiten – 1 Abbildung – 8° – M 4,–

Heft 5 Prof. Dr. WOLFGANG TUTSCHKE, Das Reziprozitätstheorem für eine Klasse pseudoholomorpher Funktionen mehrerer komplexer Variabler
1969. 19 Seiten – 8° – M 3,30

Heft 6 Prof. Dr. WALTER BREDNOW, Von Lavater zu Darvin
1969. 31 Seiten – 14 Abbildungen im Anhang – 8° – M 5,50

Heft 7 Prof. Dr. FRANZ RUNGE, Organische Disulfimide in Wissenschaft und Technik
1970. 24 Seiten – 2 Abbildungen – 8° – M 3,60

Band 109

Heft 1 Prof. Dr. ERICH RAMMLER, Über die Theorien der Braunkohlenbrikettentstehung
1970. 38 Seiten – 13 Abbildungen, davon 2 auf 2 Kunstdrucktafeln – 8° – M 4,–

Heft 2 Prof. Dr. WOLFGANG TUTSCHKE, Stammfunktionen komplexwertiger Funktionen
Vorliegendes Heft

Heft 3 Dr. habil. GÜNTHER EISENREICH, Zur Syzygientheorie und Theorie des inversen Systems perfekter Ideale und Vektormoduln in Polynomringen und Stellenringen
In Vorbereitung

Sitzungsberichte bis Band 106
durch das Zentralantiquariat der Deutschen Demokratischen Republik, Leipzig,
ab Band 107 durch den Akademie-Verlag, Berlin, zum Teil noch lieferbar

Einzel- oder Fortsetzungsbestellungen durch eine Buchhandlung erbeten

AKADEMIE-VERLAG · BERLIN

FSC
www.fsc.org
MIX
Papier | Fördert
gute Waldnutzung
FSC® C083411

Zeitfracht Medien GmbH
Ferdinand-Jühlke-Straße 7
99095 Erfurt, Deutschland
produktsicherheit@kolibri360.de